LES INSECTES
en bande dessinée

6

Christophe Cazenove   Cosby

[法]克里斯托夫·卡扎诺夫 著   [法]科斯比 绘   郭纯 译

贵州出版集团
贵州人民出版社

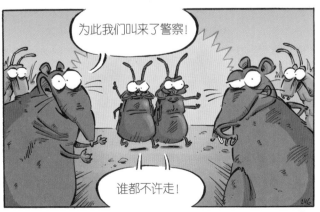

好，嫌疑虫一个一个地说，我们就从……

从亚洲胡蜂开始！你这个灭绝蜜蜂、残害地方物种的杀手！你的罪状说都说不完！

我有一个证人虫，能证明我当时在一个很远的蜂巢里大开杀戒！

我能证明！

— 虎蚊 —

潜在的病毒载体！

— 长足捷蚁 —

想要吞掉所有产蜜露的蚜虫的坏蛋家伙！

— 星天牛 —

生态系统的扰乱者！菜园的破坏者！

亚洲瓢虫、科罗拉多马铃薯叶甲虫以及阿根廷蚁，你们待在原地，直到调查结束！

采集它们的脚印，同受灾田地里的脚印进行比对，然后开始调查！

是，长官！

呃……你说脚印，6只脚都要采集吗？

太好了，这样我们就有时间好好打造关押犯罪虫的笼子了！

我提议……

也许应该听一听辩护虫的发言，不是吗？

有必要吗？

当然！

玛雅，在尼泊尔，有一个部落叫古隆族……

数百年来，古隆族的男人都会穿过恐怖的丛林。

他们来到峭壁顶部，然后在那儿抛下一段绳梯。

啊！

为的是在离地150米高的巨大蜂巢里寻找蜂蜜！

很明显，他们没有任何保护措施，使用的工具就只有木杆和篮子！

安东，这很有意思……但是你为什么要跟我讲这些呢？

因为现在我敢肯定，我没有办法像古隆族人那样爬下去！

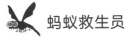

噗，太疯狂了，我从这儿放眼望去尽是**象鼻虫**……

什么象鼻虫？

象鼻虫是一种黑色或者褐色的家伙，它们的口器长得就像这样，能把找到的一切都吃个精光！

嗯……

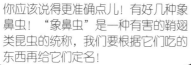

你应该说得更准确点儿！有好几种象鼻虫！"象鼻虫"是一种有害的鞘翅类昆虫的统称，我们要根据它们吃的东西再给它们定名！

是的，是的！

你看，有麦象鼻虫（又叫谷象）、米象鼻虫……

豆象鼻虫、香蕉象鼻虫、棕榈红象鼻虫……

嗐，我觉得我是在对牛弹琴，一只苍蝇哪能理解这些细微的差别，能了解它自己就不错了！

你说你被一只苍蝇打了？哪一种苍蝇？蓝头苍蝇？沙蝇？家蝇？还是……

麦象鼻虫（学名：谷象）

✳ 目 / 科：鞘翅目 / 椰象鼻虫科
✳ 属 / 种：谷象（Sitophilus granarius）

攻击力：+3　　　**防御力：+1**

简介：麦象鼻虫以麦类（小麦、黑麦、大麦、燕麦）为食，每只雌虫能在麦粒里产下150～200粒卵，幼虫在里面长大，一旦变为成虫就会跑出来。

✳ 体长　　　　　✳ 特技
最短：2毫米　　　• 寄生
最长：3毫米　　　• 穿孔的口器

饮泣

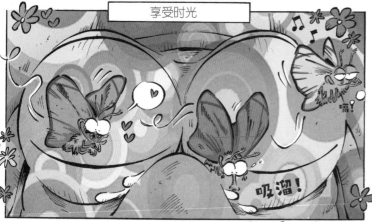

7

8

现在出场的是我们的彩虹蝗虫，向你们展示春夏时装的色彩趋势！

这太美了！

它们从哪儿找来的这些不可思议的颜色？

事实上，这些都是它们吞下去的有毒植物带来的颜色！这是一个有关化学和毒物的故事！

哦……

多么成功啊，这些非洲蝗虫一举成名！大家都震惊得合不拢大颚！

这才哪儿到哪儿！赶紧让它们排好队，给它们吃红色的植物，好展示秋冬时装！

马上，头儿！

这行不通，必须留点儿时间给这些蝗虫来消化植物。它们的色素不是打个响儿就能变出来的！

啊，这不就是画画嘛！

办不到的话，头儿会把我们吞了的！

蠢虫，别怕！

一点儿捣碎的蚜虫就能带来一抹美丽的红色！

我跟你说了这就是画画！

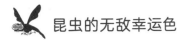

有一种"被动"的昆虫防御方式——昆虫用外形来防御。

嘿，你，看我！到我这儿来！

比如说金色，就可以让捕食者保持距离！但为什么呢？

有……有何贵干？

哦……呃……打扰了……

因为金色的昆虫大多都是那种会蜇人或有毒的昆虫！

你在找什么东西呢，傻大个？

没，没，我在……找出口呢……

当然，有一些完全无害的小家伙也会带一点儿金色，为的是让人相信它们是昆虫杀手！

嘶嘶……

在澳大利亚，人们发现了世界上最大规模的拟态的例子之一：总共有140种金色的昆虫！

蚂蚁

胡蜂

金龟子

大叶蝉

蝽

蜘蛛

那你呢？

我决定加入，我也有资格穿上金色队服！

我输了……它们已经把我淘汰了……

明天，我们会遇上红队！让我们亮出大颚把它们淘汰！

是，教练！

① 回响贝斯：一种电子舞曲，特点是不断回响、节奏感强。有科学家认为，回响贝斯可以阻止蚊子吸血。

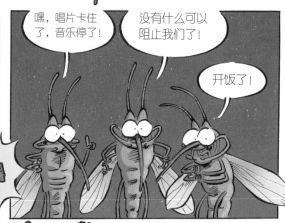

13

故事始于1918年的豪勋爵岛的岸边……

真是个馊主意，停在大海中央的一座荒岛上！！！

唉，船长，这还是有点儿好处的！

我们可以把船上这些该死的黑老鼠都赶走啊！

对！这是个好主意！

没过多久，这些黑老鼠就威胁到了岛上二十余种本地生物……

其中最明显的，就是本来与世无争的豪勋爵岛竹节虫！

在老鼠锋利的牙齿下，这些竹节虫眼看就要登上消失物种的警告名单！

嘿，那儿还有一只！

它本来可以很快就逃走的……

可这船一修好就开走了！

叹气！

他们不是说这个物种已经消失了吗？

只是时间问题啦！

四十多年后，在豪勋爵岛二十公里外的一座岛上……

啊，这都烂了！

有些游客又乱扔点心的包装袋了，你看！

不是吧，这是昆虫的尸体，等一下……

对了，这不是那种被认为已经灭绝的竹节虫吗？

真令人难以相信！

对呀，附近连个垃圾箱都没有！

尽管豪勋爵岛竹节虫因为来到了新的栖息地而发生了一些变化，但它们还好好活着！！！

我们不知道它们怎么会出现在这个岛上，但这足以把它们从消失物种的名单上删除！

嗨，一个世纪才来了两个游客……这里真离谱呀！

太糟了！

在科学家的努力下，这种竹节虫子孙满堂，在世界各地的动物园里都能看到这种竹节虫！

……除了它们原生的那个岛！

不，谢谢，这里很好！

所以说你们还没有为我们赶走那些该死的老鼠！

豪勋爵岛竹节虫

目 / 科：竹节虫目 / 竹节虫科
属 / 种：豪勋爵岛竹节虫
（*Dryococelus australis*）

攻击力: +1　　防御力: +3

简介：鉴于这种竹节虫超大的体型，人们称它为"林中鳌虾"。尽管已经被人工引进，但豪勋爵岛竹节虫仍是一种濒危生物。

体长　　特技
超过 20 厘米　　· 倒霉
　　　　　　· 身子长

它能数到4！好棒！

这只蜜蜂真是天才！

亲爱的同事，你怎么能肯定它不是偶然答对的呢？

因为我的测试是基于奖惩机制！如果这只蜜蜂选择了正确点数的卡片，它就可以喝到一口糖水！如果它选错了，那就喝到一口苦汁！

由此我可以肯定，如果蜜蜂经过训练，它们可以数到4！

真令人难以置信！

现在我们必须找出让它们数到5的方法！

嗯……那就要逐步增加可变量了……

你在干啥呢？

哈，我想给他们写答案！

不许去！

如果他们发现了我们会做除法、约分，还会解一元二次方程，他们肯定不会放我们走的！

1+1=2，我算对了吧？来，再给点儿糖！

嚯！

这就叫**堆肥**！它就像个垃圾箱，但是里面装的都是有机废料。这太实用了！因为这样我就不用每天早上去街尾的垃圾箱扔垃圾了！

奶奶，你放置的堆肥箱真是太棒了。你可以让好多的昆虫过上幸福的生活！

我的垃圾箱里有虫子？

堆肥就是这样用的！昆虫和蜗牛会吞掉你放进去的有机物，其他的虫子也会吃，这超级环保！

来，你看……

这儿，你可以看到**潮虫**，它们正在享用木屑！这里还有**蜈蚣**……

……弹尾虫、蚯蚓、花金龟，还有各种甲虫……

朋友们，你们说得对，这儿真是个好地方。

咔嚓！
啊呜！

堆肥再现了自然界的生态系统，比如说，这堆枯叶就构成了一个生态系统！

我的垃圾箱里有虫子……

所以说，你奶奶把她的堆肥箱清走了？

没有呀，玛雅！

她只是把它换了个地方……

这下就不太实用了！

17

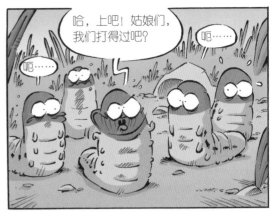

bug（程序错误）的故事

在1946年9月8日至9日晚上，信息技术的先驱格蕾丝·赫柏发现马克2号电子计算机出现了一个错误……

据她描述，她发现这个错误是由一只蛾子卡在继电器上造成的！

别……扑哧，别再……

在英语里，昆虫叫作bug……然后"bug"（程序错误）这个术语就这样诞生了！

它是一个bug！

一个bug！

对，一个bug！

到现在，全世界每天都会把这个术语说上无数次！这真是个巨大的成功！

格蕾丝·赫柏的笔记

一个bug

博物馆

我希望你们也能像这位祖先一样有名！

呃……

你看，这里不缺吃的！

可不是，我从来没见过货源如此充足的商店！

嗬！抓着了一只玫瑰枫树蛾！

咔！

这颜色太美了！

它们有不同的颜色，有一些会比较淡！

我又抓住了一只！

啪！

呃！

咔！

加上这一只就够了吧！

啧啧，够我们大吃一顿了吧！

啊！

千万别！如果把它们弄坏了，就不能拿去交换了！

什么？

最好的样式是纯白的玫瑰枫树蛾，但你可以用三只粉黄色的换一只这样的！所以别把它们弄坏了！

玫瑰枫树蛾

目/科： 鳞翅目 / 天蚕蛾科
属/种： 玫瑰枫树蛾（*Dryocampa rubiconda*）

攻击力： +1　　**防御力：** +1

简介： 枫树蛾的毛虫以枫树叶为食，有时也会吃橡树叶。就像所有的天蚕蛾科的同类一样，成年的这种蛾子没有口器，所以不再进食。

体长
最短：32 毫米
最长：44 毫米

特技
· 催眠色
· 在不吃不喝的情况下生存

21

斑衣蜡蝉

呃!
这玩意儿是什么?
%★💩

哦,有人说这是蜡!

啊,对,这是**斑衣蜡蝉**做的!

它会用屁股后面的腺体主动产出这种东西!

别给我讲这些细节了,拜托!

那你知道这是干什么用的吗?

不知道!也许是为了拖延捕食者……

毕竟,也没有别的虫可以问了……

我知道它为什么会生出这种恶心的蜡……

嗡嗡

是为了转移注意力!

转移……

注意力?

当世界上所有人都来研究为什么它要做这些蜡丝的时候,它的小伙伴们就可以肆无忌惮地糟蹋农作物了!

咔嚓!
吸溜!
咔咔!
啊呜!
啊呜!
咔!

啊,也对……

不傻!

斑衣蜡蝉

❋ **目/科:** 同翅目/蜡蝉科
  属/种: 斑衣蜡蝉(*Lycorma delicatula*)

攻击力: +3   **防御力:** +2

简介: 斑衣蜡蝉会用腹部末端的腺体产生一种疏水性的蜡。这种装饰物常用来伪装或像降落伞那样,放缓自身下落的速度。

❋ **体长**   ❋ **特技**
最短:23毫米   · 侵入
最长:25毫米   · 胃口好

22

71克，好大呀！

不，玛雅，应该说这是一种巨型化现象！我们把这种情况称为"岛屿巨型化"！

岛屿巨型化，那就是和岛有关喽？

对！在自然界中，你长得越小，就越容易藏起来。

周围太安静了！一定有危险，肯定有！

但是如果你生活在一座岛上，而且你知道周围没有捕食者要吃你，就没有什么会阻止你一代又一代地一点点长大……

哦，不……周围真的没有一只虫！

然后你就长成了一个令人惊叹的体型！

来吧，长大一点儿……跟你说了别怕，这里很安全！

就这样几百代、几千代以后，昆虫变得越来越大，这只丑蠹甚至可以长到麻雀的两倍重！

这种巨型化也会发生在人类身上吗？

人类？嗯……我不知道……

也许……

你们也来自某个岛，对吧？

为了让你们挑选爱巢，我准备了几所房子让你们参观！第一次买房子，当然不能随随便便的，不是吗？

我们从这个蓑蛾的小窝开始选吧！这是由泥土、植物废料，还有丝线套构成的！非常环保，超流行！

如果太太不喜欢有风，这儿还有一个蓑蛾的小棚子，是用枯叶制成的！

配套的洗手间有两个洗手台！

这是夜蛾坚固的笼子，非常具有设计感，纯原创，用毛虫的刚毛和吐的丝做成的，是个非常柔软又坚固的建筑！

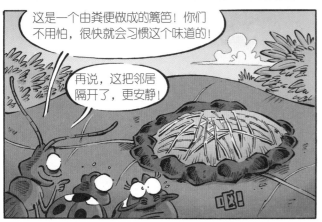

这是一个由粪便做成的篱笆！你们不用怕，很快就会习惯这个味道的！

再说，这把邻居隔开了，更安静！

吧！

一座神秘的高塔，这是一种来自秘鲁的概念设计。这会让你的朋友们大吃一惊！

怎么样？

嗯……房子都挺不错，但是不太适合我们，我们想要那种更年轻化、更有活力的……

这么说，你们在寻找房车那种类型的，那你们一定喜欢转悠，肯定是的！

这太热了！肉蝇，这么热你怎么办？

很简单，我吹个口水泡就可以了，像这样……

噗……

然后我再把它吞了！吸溜！我保证，这比香草-蝈蝈冰糕还要让人倍感清凉！

哦！

太棒了，好聪明！

你能教教我们怎么做吗？

我不知道你们蓝头苍蝇能不能做到，这需要技巧！

你就给我们讲解一下嘛！

好吧，那你就轻轻地吹一个漂亮的泡泡……

噗……

呃……

泡泡变得很圆的时候，你就不要……

你朝我吐口水了，是不是？

你也是！还没开始你就朝我吐了！

这对你们来说太难了……

啪！

嗨！它们长得可真大呀，跟我们是同一科的吗？

你别怕，它的翅长可达21厘米，但它的情况很特殊！

我非常喜欢！

尽管它个头很大，但它就像幼虫的屎一样无害。你看，它的颚太弱了，都没有办法穿透人类的皮肤！嘶……就是个笨瓜！

它还是个大个子胆小鬼，它绝大多数时候都藏在草丛中（成虫）或水下的石头缝里（幼虫）！

它还有点儿挑剔，喜欢幽静的地方，喜欢待在那种异常干净的、一点儿污染都没有的水体里！

科学家还用它来检测水质，另外还有一点，你知道吗？

哈哈，呵！

它虽然是这个傻样，却是个很厉害的猎手！

是吗？（咽口水）

尽管它绝不是为自己抓猎物……

笨蛋，你让我虚惊一场……

未知广翅目昆虫

* 目/科：广翅目/齿蛉科
属/种：未知齿蛉（Corydalus sp.）

攻击力：+1　　防御力：+3

简介：雄虫的上颚没有攻击力，只是用来吸引雌虫的。作为补偿，这种昆虫在自己受到威胁的时候，会散发出一种恶心的气味。

* 翅长
可达21厘米

* 特技
· 体型巨大
· 散发臭味

为什么人类不收集熊蜂的蜂蜜？

安东，**熊蜂**也制作蜂蜜，这是真的？

当然啦，就像蜜蜂一样！

这两者的主要区别就是蜜蜂的蜂后从来不跑出蜂巢！

嗡嗡

因此蜜蜂需要储存一些蜂蜜来过冬，人类收集的就是这些富余出来的蜂蜜！

我将蜜蜂的数量乘以蜂房的数量，加上蜂后的胃口系数，除以工蜂的平均体重……然后给你们留下了一公斤蜂蜜……

熊蜂的蜂后，会在夏末时节出巢，然后找个洞自己待着……

那里！

那里！

或那里！

因此它并不需要储存蜂蜜来过冬，只用为自己的小小旅程准备一点儿食物就可以了。

0.2千克花粉……两滴花蜜……

这就够了，我什么都没落下！

换句话说，因为熊蜂的蜂蜜库存非常少，所以人类无法收集！

太奇怪了！

哦！

好吧！

我喜欢给小孩讲这些故事，他们在得知熊蜂也制作蜂蜜的时候都惊呆了！

他们的反应总是这样吗？

你们必须多做一些蜂蜜让我们尝尝！

懒鬼！

自私鬼！

嗡嗡……

238

勾魂甲虫（学名：红毛窃蠹）

* 目/科：鞘翅目/窃蠹科
* 属/种：红毛窃蠹（*Xestobium rufovillosum*）

攻击力：+2　　**防御力：+2**

简介：勾魂甲虫以潮湿的木头为主要的攻击目标，比如受洪水浸泡坏的木头。腐烂物（蘑菇）和水是它们的主要食物。

* 体长
  最短：5毫米
  最长：7毫米
* 特技
  · 令人害怕的声音
  · 隐藏

地衣蝈蝈

嗅……嗅……我强烈地感觉到有只螳螂想要吃快餐！

这是个好机会，我要向你们展示我地衣蝈蝈的绝招，我能出奇制胜，不被吃掉！

隐身！

哇哦！

我只要趴在地衣前，就可以完全隐身！我敢说，所有虫子都想要这项技能！

嗯……不错……

但是我很遗憾地告诉你，为了躲开螳螂的大颚，我们蝈蝈还有个比你这个更有效的方法！

是的！那个要练好几年！

真的？那你说给我听呀！难道是三连跳逃跑吗？呵呵！

不……简单得多！

这儿有一只肥肥的地衣蝈蝈！

检举揭发！

地衣蝈蝈（学名：地衣螽斯）

- **目/科**：直翅目/螽斯科
- **属/种**：地衣螽斯（*Markia hystrix*）

攻击力：+1   防御力：+6

简介：这种蝈蝈生长在南美洲。它有超强的拟态技能，因为它的身体呈现出来的样子会让人联想到地衣。

体长	**特技**
雌虫：65毫米	·隐身
雄虫：45毫米	·极其谨慎

31

有只苍蝇正落在你的这盘菜上，你看好了啊！

啊，香草烤牛排，真棒！

但你是不是靠得太近了？

哎，我吃饭的时候能有点儿隐私吗？

由于没有嘴，苍蝇只能吸食液体……它要先在食物上吐口水……

呕！

这是为了让食物液化……然后它就可以用舐吸式口器吸食！

再等几秒钟……准备好了！

扑味……

但是如果苍蝇吐了口水后还没吸食就被你赶走了，那你就可能吃到它的口水……

可是！

嗡嗡！

而这些口水会携带病菌、微生物以及其他脏东西！

最好不要食用被苍蝇叮过的食物……

扑味！

奶奶，我敢肯定这对健康不好！

嗯？

对我们蟑螂来说，我们的噩梦就是扁头泥蜂！

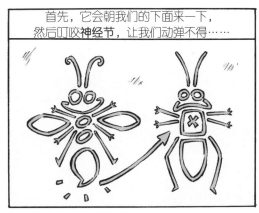

首先，它会朝我们的下面来一下，然后叮咬神经节，让我们动弹不得……

接着再咬一口，让我们变得像丧尸一样！之后它就会停下来，在我们小小身躯的细缝处产卵！

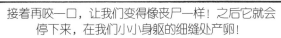
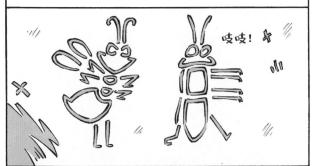

吱吱！

可我发现了一个对策！我要用空手道！

首先用触角挡开它的正面袭击！

咔！

用有刺的腿踢它的口器！

真不错！

砰！

对，这很不错……但这也不是一直都有用！

嘿嘿嘿！

好吧……空手道是没用了。那我们试试柔道？或者以色列格斗术？

还是快跑吧！

吱吱！

33

我们正在一个"瘿"的内部，"瘿"是一种叶子的**赘生物**，我们蚜虫会住在那里。

嗯……

咔！咔！

警报！
有一只毛虫在瘿上开了个洞！

？

咔嚓！

这时候该建筑工上了！

咕噜……

集合！集中精力！自爆！然后把这个缺口给补上！

砰！

砰！

嗯……嗯……

展开液体橡皮胶！

砰！

砰！

砰！

我们要为集体牺牲自己！

砰！

砰！

砰！

我们……

嗯……

粘！

粘！

哦！别太早自爆！别因为太激动就白白送死！

砰！

砰！

那些已经爆了的就算了，至少我们目前要先冷静！

这种树有什么问题吗？有谁知道？

它很安全，身为小蠹应该能看出来！

通过摸它的肌肉吗？

不。如果一棵树发出像是火药库那样的噼啪声，那我们的进攻肯定会遭到意想不到的失败！

是不是空手道的声音？

啪！

不，那是杀虫剂分子的声音……

咳咳！

或者分泌汁液或树脂，把我们粘住或淹死！

简而言之，我们要避开这些情况！

但如果我们好不容易找到了一棵因旱灾而正在裂开或脱水的树，那它就是我们的主场了！

不会弄错的，因为生病的树会散发出绝望的味道！跟我一起闻闻快要死的树发出的味道！

我们，欧洲云杉八齿小蠹，要确定这些树的位置，钻到它们的树皮里去，像野虫那样繁衍生息！

然后我们就要袭击更年轻些的树！我们单单一只雌虫就能产下上千个卵，迟早会统治这些云杉……

……彻底占领这些健康的树！

接下来是整个森林……

……最后是

整个星球！

八齿小蠹，你们集中在树顶……

……而中穴星坑小蠹，你们跟我去找更老一些的树……

……而你，六齿小蠹，虽说你外甲壳上的齿就是个装饰品……

……你就向所有路过的虫子扑去！

是，头儿！

发动袭击！

哎，头儿，这是一个很好的计划……

……只是有一点没考虑到……

……人类不同意！

事实上，美国的很多港口都已经击退了小蠹，法国蒙特利埃还曾在1996年集中扑杀过这种虫子。

呃，安东，你看我的堆肥箱里有一个发亮的东西！

看，它在闪光！

对，这是金花金龟，是一种金龟子！

这是一种会传播花粉的昆虫，有利于物种的繁衍以及农作物的成熟！

它像一个纸灯笼一样闪光，这正常吗？

啊，正常的！你知道吗，在19世纪的俄罗斯，人们把这种虫子磨成粉末，涂在黄油面包上来治疗狂犬病！

呃！

比如说，有人被一只疯狗咬了！

现在不是吃点心的时候！

两分钟以后你就会像只兔子一样活蹦乱跳了！

这管用吗？

当然不管用啦，奶奶！这就是一种迷信！

但可以让大家知道谁得了狂犬病！

金花金龟

目/科： 鞘翅目 / 金龟子科
属/种： 金花金龟（Cetonia aurata）

攻击力： +1　　**防御力：** +2

简介： 它的鞘翅（硬翅）是粘合起来的，在飞行时也不会打开，而膜翅在鞘翅下方处打开。

体长
最短：13毫米
最长：20毫米

特技
· 色彩美丽
· 参与植被的循环再生

干饭虫

聚焦农业中的昆虫

农田中的首席警报员：昆虫

[法] 朱利安・霍夫曼（Julien Hoffmann）　　[法] 文森特・韦尔特（Vincent Vertes）撰文

如果有一项要人们遵守的有关农业的法律，那它肯定是关于昆虫的。人们生产粮食却不把它们考虑在内，就会面临生产不出足够粮食的风险，历史一再地向我们证明了这一点。

目前，估计有 2195 种昆虫被认为是农业害虫，也就是说它们以农作物为食。但这不是件大事，因为在法国，科学家们已经识别出了 39,107 种不同的昆虫，而其中 94.4% 的品种要么是无害的，要么是农作物的助手，它们帮助农民减弱了那 5.6% 的害虫所造成的负面影响。

但必须要承认，种地并不太容易，有关生产的参数很多，尤其是把昆虫考虑进来以后。每种作物都有它伴生的昆虫，每个地区也有当地特有的昆虫。更不要说季节，以及每年气候变化因素的影响。农业昆虫学家可不好当！

小心农作物！

每种昆虫都能危害一种农作物。反过来说，如果说损失数额不是特别巨大，农民还是能接受的。对，这是由钱包决定的。

害虫是什么？

这是一种农作物的生物侵害者，它们以整个植物或其局部为食。根据它们造成的直接损害，我们可以将害虫分为以下 3 种类型：

"习惯犯罪型"（惯犯型）：一直都是害虫。这种类型在害虫中占比少于 5%。

"泛滥成灾型"（泛滥型）：当数量太多的时候，它们就成了害虫，这种类型在害虫中占比 87%。

"偶尔犯错型"（偶尔型）：这些昆虫很少成为害虫，除非生态系统的平衡被打破。它们在害虫中占比 8%。

但害虫也不是每时每刻都在造成损失。它们常常在某个特定的发育阶段成为害虫。比方说，蝴蝶不是害虫，但毛虫就会取食植物。

根、叶、果：它们什么都吃！

叩头虫

无论昆虫处于何种发育阶段，它都可能会取食一株植物身上的每个部分。小卷叶蛾（鳞翅目昆虫）的幼虫取食苹果和梨就属于这种情况。小葱蝇（双翅目昆虫）的幼虫会吃葱的叶子，直到进入其内部，并且将沿途的一切都吃光，连根也不能幸免。叩头虫（鞘翅目昆虫）会袭击所有蔬菜的根部，比如说胡萝卜和欧洲防风！

休息中的小卷叶蛾幼虫

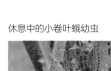

喂，出租车！

某些昆虫会成为病毒的载体。它们会在吃某种染病植物时偶然感染上那种病菌，然后把它带给一株健康的植物，使其受到感染。昆虫世界中有好些昆虫会传染疾病。多样性在方方面面都发挥到了极致。

比如说，蓟马（缨翅目昆虫）就是一种让全世界番茄都感染上**铁锈病**的病菌载

棘胫小蠹

体，而小蠹（鞘翅目昆虫）通过传播某种真菌打击了整个云杉木材制造业。

至于葡萄园，政府对此也是手忙脚乱。**大青叶蝉**会传播葡萄泛黄病，这是一种会引发葡萄植株死亡的疾病。这种疾病后果严重且具有传染性，以至政府当局强迫农民用化学药剂处理这类虫子，从而解决这个问题。

走……还有一片葡萄园没挖呢……嗝……之后，再来点儿小酒……

嗝！

食蚜蝇

手握生死大权的帮手

为了生存，这些农作物的帮手，也就是这些帮助农民的昆虫，会为了食物而杀死害虫（它们被我们安排得明明白白）……但不止于此！某些昆虫被称为农作物的帮手也是因为它们提供别的服务，比如传播花粉。

它们授粉：不只有蜜蜂能传播花粉，很多像食蚜蝇和草蛉这样的昆虫也能发挥一样的作用。它们的成虫，在朵朵花间飞来飞去，在为目标植物传播花粉的过程中，寻找花粉和花露为食，而它们在幼虫阶段也以一些害虫为食。

它们寄生：某些昆虫会把自己的卵产在别的昆虫的幼虫或卵里，孵化出来以后，这些幼虫就直接以害虫的卵为食。**赤眼蜂**就是一个已经在农业中得到应用的完美例子。

它们捕食：作为食物链的一环，所有昆虫不是猎物就是捕食者。昆虫在每个发育阶段都会吸引一个不同的捕食者。卵、幼虫、蛹、成虫：它在每个阶段都会受到捕食者的威胁！

它们被释放：在某些情况下，比如当虫害太严重时，农民就会故意放出这些现成的昆虫帮手。目的是避免使用化学药剂。需要注意的是要谨慎使用它们，千万不要破坏生态平衡，就像释放亚洲瓢虫那样。

草蛉

亚洲瓢虫

无心插柳的农业帮手

这些农作物的帮手并不挑食，因此它们也分不清这种蚜虫和那种蚜虫之间的差别。

若干无害蚜虫（欧洲有 900 种）在适当的季节会被引入耕田附近的地里，它们之后将成为抗击有害蚜虫的农业助手的食物：食堂开饭啦！

呼噜！

他们说啥呢？"帮忙"？我只认识"牛虻"！

昆虫在野外的一生！

农民避免昆虫造成损失的最佳办法就是建立自然生态平衡，以免害虫过度繁殖。这里举一个农业生态基础设施的例子。它是田野的一部分，农民任其自然发展，使它能够为自己提供各种生态服务（限制风化、土壤退化等），而它也会接纳数量众多、种类繁杂的昆虫来寻求生态平衡，因为自然是昆虫最好的去处！

树篱

可以容纳整个授粉昆虫群落（野蜂、蝴蝶、食蚜蝇，等等），可给它们提供全年的食物（前提是树篱由多种植物构成），让其繁衍，以及庇护它们度过冬天。

合理安排田地种植

耕地及其位置会塑造景观。

我们会发现种植单一植物的田地会随着季节改变颜色。这样做简化了田地的安排，也更容易赚到钱。但这些巨大的地块只会吸引以该种植物为食的昆虫过来，因为没有别的可以吃了！

当我们考虑"昆虫"问题时，必须充分考虑到"田地的规模"。既不能太大防止害虫过多，也不能太小以保证最低程度的利润。

人要耕种，就要想昆虫所想，因此把不同品种的作物种在一起很重要（比如梨和草莓），这样的话昆虫就很难找到作为它们食物的植物，它们的数量也就会很少。

某些害虫对区域的特点很敏感（湿度、温度，等等），因此我们要精心设计不让它们过来。比如在山谷里种植作物，寒冷的风就能阻止害虫飞来。最后，在有昆虫自然出现的地方耕种，比如在森林附近，效果会更好。

长草的闲置地

长草的沟渠（有时有水，有时干涸，但不与其他小河连通）、空地（可使用农业机械的灵活空间）、堤坡，如果这些地方一直无人打扰（即没有人清除上面的野草，而这些草一年当中也不会太晚出现），那就给昆虫留下足够的活动空间，让它们在此安顿下来。

树木

对，即便只有一棵！这类植物在我们的田地中很少，它能提供数量惊人的树叶来给昆虫使用，提供昆虫喜欢的大量花粉和花露，还提供树皮供昆虫打造各种庇护所。一棵简简单单的树能提供一个小小的自然。

闲田

它没有被过度耕种过，因此对很多昆虫来说是天堂。不需要播撒花种，只需要留给它时间，让土生植物在此蓬勃生长，它就能更好地发挥作用。

农业实践

为了让作物多样化，不能在一个地方反复种植同一种作物，这样害虫在一年里找不到食物也会被迫离开。这就是**轮作**。

另一个保证多样化的有力手段就是**作物群丛**。各种作物合种也会让害虫处境艰难。这是指农民在同一块田地上种植各种不同的作物。每种作物都会吸引自己的帮手驱赶害虫。

还有其他的农业技巧。有些作物人们是不能每年都更换种植的，比如在葡萄园或果园里，因此人们一般会让植株长到 25 ～ 30 厘米高，以容纳最多的益虫！

沼泽

经常会在野外消失，但在促使像贪吃的蜻蜓和豆娘这样的昆虫出现上发挥了令人难以置信的作用。

应对生态挑战组织

"如果说在田野里，我们还能找到一块地方帮助昆虫，那么在城里，我们总不能推倒墙吧！"

应对生态挑战组织，是一个来自社会各方面的各种从业人员在环境研究机构的领导下，利用动物和生态管理的专业知识做出判断的集体。

落实有关生物多样性或相关的农业建议的同时，这个组织也负责制定自然遗产或普及科学的解释方法，并提出一些补偿性措施。

有什么比接近昆虫更好的、更能使人与自然关系变紧密的方法？

应对生态挑战组织也提出了自己的计划。**庇护箱**就是源于为现存的目标生物提供生物多样性的可能性的想法。这是一种层箱，一个为昆虫提供食物和居所的地方。15 种不同颜色、形状、大小、容量和材质的庇护箱，专供 15 种目标昆虫使用。每个庇护箱都配有一块教学板。

最后，它还与一家退学青年回归社会的机构和一家职业介绍所合作，因为回馈社会也是这个组织的宗旨之一。

虽说没有什么比自然环境更好的了，但庇护箱还是能发挥一点儿作用的。它有利于生物多样性，让我们反思和昆虫之间的关系，参与收集数据或就让人坐一坐……无论结果是什么，庇护箱一定能派上点儿用场！

庇护箱已经获得了法国生态部和环境及生态和能量掌控办事处给生态企业颁发的"生物多样性"奖。

爆笑看点 · 昆虫知识
篇篇有 · 学到手

飞得最快的昆虫·战斗力最高的昆虫·力气最大的昆虫
放屁20万吨的昆虫·伪装成便便的昆虫
……

跳蚤吃恐龙？昆虫能吃鸟？
蟑螂能当"搜救犬"？蚂蚁也有"空调"？
蜜蜂会做数学题？
昆虫的血液有多少种颜色？

上架建议：少儿科普·漫画

ISBN 978-7-221-17273-0

定价：168.00元（全6册）

绿色印刷产品